QING SHAO NIAN KE XUE TAN SUO YING

青少年科学探索营

U0739466

奥秘世界谜团

李 勇 编著　丛书主编 郭艳红

野人：跟踪野人大发现

汕头大学出版社

图书在版编目（CIP）数据

野人：跟踪野人大发现 / 李勇编著. -- 汕头：汕头大学出版社，2015.3（2020.1重印）

（青少年科学探索营 / 郭艳红主编）

ISBN 978-7-5658-1644-4

Ⅰ. ①野… Ⅱ. ①李… Ⅲ. ①人科－青少年读物
Ⅳ. ①Q98-49

中国版本图书馆CIP数据核字(2015)第026342号

野人：跟踪野人大发现　　　　YEREN：GENZONG YEREN DAFAXIAN

编　　著：李　勇
丛书主编：郭艳红
责任编辑：汪艳蕾
封面设计：大华文苑
责任技编：黄东生
出版发行：汕头大学出版社
　　　　　广东省汕头市大学路243号汕头大学校园内　邮政编码：515063
电　　话：0754-82904613
印　　刷：三河市燕春印务有限公司
开　　本：700mm×1000mm　1/16
印　　张：7
字　　数：50千字
版　　次：2015年3月第1版
印　　次：2020年1月第2次印刷
定　　价：29.80元
ISBN 978-7-5658-1644-4

前言

  科学探索是认识世界的天梯，具有巨大的前进力量。随着科学的萌芽，迎来了人类文明的曙光。随着科学技术的发展，推动了人类社会的进步。随着知识的积累，人类利用自然、改造自然的的能力越来越强，科学越来越广泛而深入地渗透到人们的工作、生产、生活和思维等方面，科学技术成为人类文明程度的主要标志，科学的光芒照耀着我们前进的方向。

  因此，我们只有通过科学探索，在未知的及已知的领域重新发现，才能创造崭新的天地，才能不断推进人类文明向前发展，才能从必然王国走向自由王国。

  但是，我们生存世界的奥秘，几乎是无穷无尽，从太空到地球，从宇宙到海洋，真是无奇不有，怪事迭起，奥妙无穷，神秘莫测，许许多多的难解之谜简直不可思议，使我们对自己的生命现象和生存环境捉摸不透。破解这些谜团，有助于我们人类社会向更高层次不断迈进。

  其实，宇宙世界的丰富多彩与无限魅力就在于那许许多多的难解之谜，使我们不得不密切关注和发出疑问。我们总是不断地去认识它、探索它。虽然今天科学技术的发展日新月异，达到了很高程度，但对于那些奥秘还是难以圆满解答。尽管经过古今中外许许多多科学先驱不断奋斗，一个个奥秘被不断解开，推进了科学技术大发展，但随之又发现了许多新的奥秘，又不得不向新问题发起挑战。

宇宙世界是无限的，科学探索也是无限的，我们只有不断拓展更加广阔的生存空间，破解更多的奥秘现象，才能使之造福于我们人类，我们人类社会才能不断获得发展。

为了普及科学知识，激励广大青少年认识和探索宇宙世界的无穷奥妙，根据中外最新研究成果，编辑了这套《青少年科学探索营》，主要包括基础科学、奥秘世界、未解之谜、神奇探索、科学发现等内容，具有很强系统性、科学性、可读性和新奇性。

本套作品知识全面、内容精炼、图文并茂，形象生动，能够培养我们的科学兴趣和爱好，达到普及科学知识的目的，具有很强的可读性、启发性和知识性，是我们广大青少年读者了解科技、增长知识、开阔视野、提高素质、激发探索和启迪智慧的良好科普读物。

目　录

北美发现大脚怪

大脚怪的由来

大脚怪是在美国和加拿大发现但未被证实的一种似猿的巨型怪兽。在北美的印第安人中，早就流传着关于这种神秘怪兽的传说。

确凿的足迹最早是在1811年发现的。当时探险家大卫·汤普逊从加拿大的杰斯普镇横洛矶山脉前往美国的哥伦比亚河河口，途中看到一串人形的巨大脚印，每个长0.3米，宽0.18米。

由于汤普逊没有见到这种动物，只看到大得惊人的脚印。他报道了这一消息后，人们就用"大脚怪"来称呼这种怪兽。

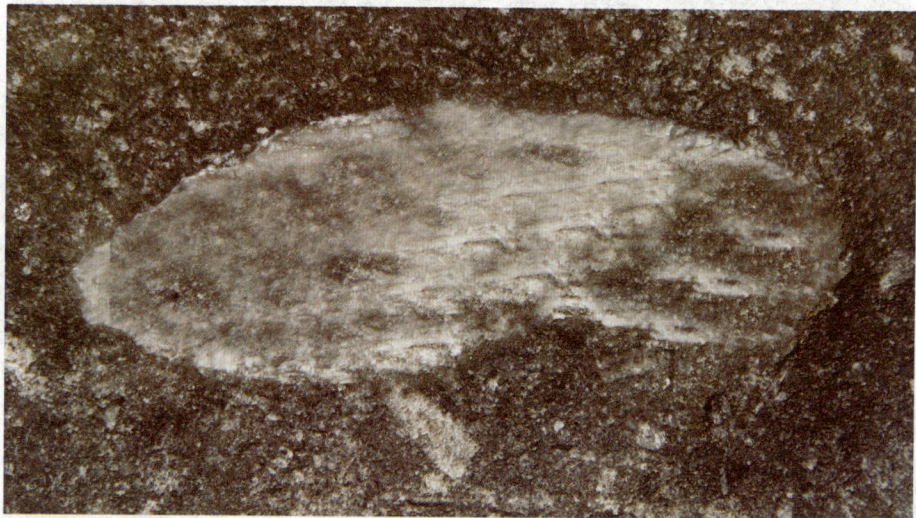

从此以后，关于发现大脚怪或其脚印的消息络绎不绝，至少有750人自称他们见到了大脚怪，还有更多的人见到了巨大的脚印。

遭遇毛人

前美国总统罗斯福不是一个轻信别人的人，但是他在1893年出版的《荒野猎人》一书中，曾记载了一个猎人亲口给他讲述的与大脚怪遭遇的可怕故事。那件事给罗斯福留下了非常深刻的印象。猎人名叫鲍曼，事后多年，他谈起这段经历时仍不住地哆嗦。

1924年，伐木工人奥斯特曼到加拿大温哥华岛对面的吐巴湾去寻找一个被人遗弃了的金矿。有一天夜里，奥斯特曼和衣在睡袋里睡觉的时候，觉得自己被抱了起来。天亮后，他从睡袋里钻出来，发现自己在一个山谷中，周围是6个身材高大的毛人。这些毛人不会说话，成年毛人的身高有2米多，体重大约200千克至272千克，他们前臂比人长，力气大得惊人。毛人们没有伤害他，整整过了6天，奥斯特曼才找到机会逃出来。

奥斯特曼怕别人不相信，许多年后才肯讲自己的经历，但据专家们分析，他讲的许多细节确实不像虚构的。

科学家的推测

许多科学家认为，大脚怪可能是古代巨猿的后代。巨猿化石是1935年发现的，当时荷兰古生物学家柯尼斯瓦尔德在香港中药店里发现了一些巨大的猿类牙齿。20世纪五六十年代，在我国南部、印度和巴基斯坦又发现了更多的这类巨兽化石。

人们推测，巨猿是800万年至50万年前生存的一种巨形类人猿，它活着的时候身高大约2.5米至3米，体重约300千克。有些动物学家认为，巨猿并没有完全灭绝，北美的大脚怪可能就是巨猿的某种同类或变种。

但由于人们至今尚未捕获大脚怪的实体，因此许多人对大脚怪是否存在仍是半信半疑。

对此，国际野生动植物保护协会创始人兼美国俄勒冈州大脚

怪研究中心主任柏恩指出，发现有大脚怪出没的地区达数十万平方千米，大多是深山密林，人烟罕至。有些地区更是难以到达。柏恩说，过着石器时代生活的塔沙特人就生活在菲律宾丛林里，直至1971年才被发现，所以至今没能捕获大脚怪也不足为奇。

延 伸 阅 读

大脚怪又叫"沙斯夸支"，有关大脚怪的说法最先是由美国人提出的，特指一种大型、多毛、像人的生物。多年来，世界各地关于发现大脚怪或其脚印的消息层出不穷。

阿尔金山出现大脚怪

能直立行走的怪物

阿尔金山是我国新疆维吾尔自治区东南部的山脉。东端绵延至青海、甘肃两省地域，为塔里木盆地和柴达木盆地的界山，平均高度3000米至4000米。西段较高，最高峰6161米，南部山峰高

度在5200米至5828米之间，主峰区沿山脊线两侧分布着近30座海拔5000米以上的山峰。

1985年3月，国家在这里成立的阿尔金山自然保护区，面积45000平方千米，平均海拔4500米，是我国国内第三大自然保护区。由于保护区周围被高山隔阻，气候寒冷缺氧，人迹罕至，保留着以藏羚羊、野牦牛、藏野驴三大高原有蹄类野生动物为主要种群、保存完好的原始高原生态类型。

据保护区工作人员讲述，在一个风雪弥漫的傍晚，一位维吾尔族牧民在阿尔金山北坡一带放牧时，突然发现一个直立行走，上肢摆动，酷似高个子成年人，但没有穿衣服的巨大怪物。

由于风大雪大的原因，牧羊人无法辨认出其毛发色泽。不一会，怪物就消失在鹅毛大雪中。当牧羊人沿踪迹细察时，发现其脚印有一只羊腿那么长，步幅为成年人的一倍多。

一位40多岁的退伍军人说，他遇到的自称见过大脚怪的牧民不下10人，他们对大脚怪的描述大体相似，有人甚至把这种怪物称为"雪人"或"野人"。

作风严谨的保护区工作人员认为，在没捕捉到实物之前，最好不要把它作为世界四大谜之一的雪人看待。

发现脚印

1984年10月8日，新疆登山队的4名运动员在登木孜塔格峰的前夜，在一个海拔为5800米的冰斗里住了一宿。

翌日清晨起床后，他们惊奇地发现帐篷四周竟布满了一个个巨大而清晰的脚印。

这些脚印一直向前延伸，消失在一个巨大冰川里。登山队的

摄影师顾川生于10月10日在峰下一个海拔近5000米的沙地上拍摄到了大脚印。

顾川生当场进行了测量，脚印长度在0.5米至0.6米左右，宽度在0.13米至0.15米，深约0.04米，最深者约0.065米，步幅一般在1.5米左右，最大跨度近2米。

综合各种传闻，神秘的大脚怪的基本特征为：身材高大，在1.6米至2米之间，喜好在雪天出动，不袭击人，反应灵敏，跨越轻盈，能轻而易举跃过高约一米的阻碍物。

新疆动物学教授谷景和据此分析说，大脚怪极有可能是藏马熊，藏马熊喜以鼠兔为食，是一种假冬眠动物。

他推测说，藏马熊行走时，后爪紧跟前爪，踏在前爪踏过的地方，但只有部分与前爪印重合，这样，人们便看到了酷似人类的大脚印。但他没有对大脚怪长时间的直立行走作出解释。

专家解释

对此，被称为"昆仑山中活地图"的新疆地矿局地质工程师赵子允在向人们解释这种动物时说："大脚怪，又名雪人，近20年来相继被登山队、科考队、边防部队所发现，它们分布在喜马拉雅至帕米尔一带。据报告，身高在2.2米左右，直立行走，食性杂，穴居，满身长棕黄色的毛，长发披肩，智力处于原始类人猿状态，不主动进攻人类，而且怕人，所以请大家不要害怕。"

赵子允还肯定大脚怪的智力低于常人，他笑着解释说："如

果雪人智力高于人类的话，它们会把家迁到乌鲁木齐等大城市去享受现代文明生活的，而不会在贫瘠的山野荒原上过着与世隔绝、默默无闻的生活。"

延 伸 阅 读

　　发现脚印的地方为我国新疆百里湖塘密布区，水草丰美。后经测算，此脚印具体位置在木孜塔格雪山以东，雪照壁山正南，后来登山队员甄西林及摄影师顾川生分别在海拔5750米和5300米处均发现了同样的野人脚印。

英国版的大脚怪

发现神秘大脚印

英国肯特郡的助产士安·洛维特与她的丈夫、工程师菲利普，双双来到柏林顿地区的澳肯班克莱恩镇，探望70岁高龄的舅舅。

当天傍晚，当他们在乡间小径上散步时，47岁的安·洛维特突然在一块松软的土地上，发现了一个巨大无比的大脚印，大约0.15米宽，0.25米长。看到如此巨大的大脚印，这位两个孩子的

母亲吓了一大跳，简直不敢相信自己的眼睛。

心有余悸的安·洛维特回忆说："我们从小就居住在这里，经常在田野里散步，由于周围都是深山老林，曾经见过许多动物的脚印，但却从来没见过这么奇怪的大脚印，简直是大得惊人！"

一只绵羊被撕成两半

出于好奇，他们拿出随身携带的相机，拍了一张大脚印的照片，但再也没有去多想。直至第二天凌晨，一些来布赖恩私人乡村别墅度假的客人离开后，他们才开始对那个大脚印产生浓厚的兴趣。

布赖恩老人说，那些客人向他抱怨，大约在凌晨3时的时候，农场的一个角落传来了野兽咆哮和撕咬的声音，听上去十分恐怖，吓得很多人彻夜未眠。闻听此言，布赖恩也感到不可思议，于是就与家人来到事发地点探查究竟。惊恐万状的布赖恩描述说："当我们走到那里查看时，发现一只绵羊竟然被残忍地撕成了两半，尸体残缺不全，一部分皮肉似乎被怪兽吃掉，现场简直是惨不忍睹！我们从来没有见过这样的怪物，有人怀疑那可能是传说中的大脚怪，但没有人看到怪物的身影。"

可能是英国版大脚怪

英国动物专家威克·巴洛研究这个大脚印的照片之后，认为那可能是一只体型庞大的野兽。然而消息传开后，当地英国人纷纷猜测，那个神秘的怪兽有可能是传说中的英国版的大脚怪。为了证实这种猜测，许多富有冒险精神的英国人开始进入周围的深

山老林，四处寻找这种被认为是大脚怪的野兽，但迄今为止仍未发现那个怪物的踪迹。

柏林顿地区的澳肯班克莱恩镇到底有没有怪物，那些大脚印又是怎么回事？看来，这些问题只有等发现更多的证据才能回答。

延　伸　阅　读

2011年3月29日，英国《每日邮报》报道称，美国越战老兵托马斯·拜耶斯拍摄了一段只有短短5秒钟的录像，录像中的神秘动物身高约2.13米，据说这就是传说中的"大脚怪"。这段录像也被野人研究者视为最新的大脚怪目击证据。

雪男足迹的发现与探索

雪男的特征

关于雪男夜帝的传说最早可以追溯至公元前326年，在当地夏尔巴人的描述中，雪男的身高从1.5米至4.6米不等，头颅尖耸似猿猴，红发披顶，周身则长满了灰黄色的毛发，两足行走似人，

但步幅较人更大，步履也更为轻快。能在人类难于生存和行走的雪山之巅坚强生存。

在很多时候，除夏尔巴人对雪男的存在深信不疑之外，外来之人对这种生物的存在都深感怀疑，只把它当做一类有趣的神秘生物传说。

从公元前326年起，世间就开始流传关于雪男的种种传说。在人们的印象里，雪男时而仁慈、温柔，时而凶猛、剽悍。

1848年，我国西藏墨脱县西宫村桑达被雪男抓死，留在他身上的气味臭不可闻。

1951年英国珠穆朗玛峰登山队埃德蒙·希拉里拍下第一张清晰的雪男脚印照片。这脚印是在坚硬冰面的薄薄一层雪上留下的，长0.3米，宽0.18米，拇指很大向外张开。

1960年，埃德蒙·希拉里

又一次联合著名作家、冒险家黛斯蒙德·道伊格组织了一次探险。

他们带上了价值上百万美元的装备，希拉里甚至在寺庙里接受了喇嘛送给他的雪男的一块带发头皮，同时还带回来了两块身体其他部分的皮毛。

雪男足迹

新华社报道说，一支美国考察队发布消息称，他们在喜马拉雅山脉珠穆朗玛峰地区南侧的尼泊尔一侧发现了雪男足迹。

报道说，这支由9名美国电视台工作人员和14名尼泊尔人组成的考察队离开尼首都加德满都，前往尼泊尔东部的昆布地区进行考察和摄影活动。后来，他们带着一只雪男足迹模型和有关雪人踪迹的

影像资料回到加德满都。

考察队在当天举行的新闻发布会上说，一名尼泊尔向导一天晚上在海拔2850米的喜马拉雅山谷地带的河边发现了雪男足迹。

这名向导说："我当时非常激动，马上把考察队的人都叫到现场。他们带来摄影机和照相机，并为足印做了模型。我们发现，最大的足迹约有0.3米长。还有一些小的足迹不够清晰。我们确信，这就是我们要找的那种微驼着背、直立行走、长着黑色长毛、类似猿人的庞然大物——雪男。"

延 伸 阅 读

雪男称呼较多，如夜帝、雪人。是大多生存在喜马拉雅山脉的野人，现属于未确认生物体，是和美洲大脚怪、湖北神农架野人齐名的大型未知猿类生物。雪男同其他野人一样，有很多目击资料和故事。

西藏地区发现雪人出没

频繁出现的雪人

1956年，波兰记者马里安·别利茨基专程到我国西藏来考察雪人。他没有多少收获，只是收集到一些故事，并有幸找到一位自称目击过雪人的牧民。这位牧民说，1954年他随商队从尼泊尔回西藏，走到亚东，在一个村旁的灌木林里，看到了一个浑身是毛的小雪人。

1958年，地质学家鲍尔德特神父随法国探险队来到喜马拉雅山考察。在卡卢峰他发现了一个刚刚踩出的足印，那只脚一定相

当大，长0.3米，宽0.1米。可是，没见到雪人的踪影。

1958年，美国登山队的一个队员在喜马拉雅山南面的一条河旁，看到了一个披头散发正在吃青蛙的雪人。

1960年，一支由埃·希拉里率领的探险队，在喜马拉雅山孔江寺庙发现了雪人的一块带发头皮。

1975年，波兰人组织了一个登山队攀登珠穆朗玛峰。在珠峰南面的大本营附近，他们发现了雪人的脚印。据说，珠穆朗玛峰附近村庄里有一个叫舍尔帕的姑娘，她6岁那年，放牦牛时遇到了雪人。

雪人高约2.6米，从旁边蹿出来直奔牦牛，照着它的脖子下面就是一口，血直往外喷。雪人用嘴堵住了咬开的口子，"咕咚咕咚"地往肚子里吸着血。它猛吸了一阵后，可能是牦牛血管里的血被它吸得差不多了，就站起身来。

此时，也许是它还觉得没过瘾，就抡起大手，照着牦牛的脑袋劈去，这家伙也不知道有多大的劲儿，只这一掌，就把牦牛的脑袋劈碎了，脑浆子都被劈了出来。出乎意料的是雪人并没伤害小女孩，而是转过身朝着山上的树林走去。

雪人的猜想

有关雪人的传说更引起了世界上许多有志探索其虚实的人的注意。如今发现雪人的地点，不仅在我国西藏，在印度、尼泊尔也都有许多目击者。

自从1951年，美国艾拔尼斯登山队在喜马拉雅山脉的马哈冰河附近发现雪人的奇特脚印而引起世界轰动起，至今已有60多年了，可是关于雪人到底是什么样子仍然是一个谜。专家们根据已掌握的材料推测，认为它可能是

以下几种情况：

第一，是一种类似人的动物，即属于人类的先祖，因遗留在喜马拉雅山区，适应了这里的寒冷生活而成为雪人。

第二，可能是一些原始人，因长期隐居深山之中，漫长的封闭生活使它们退化成一种动物。

第三，也许那些雪人并不是类人动物，只是其他动物而已。

然而雪人究竟是什么，还有待查明。

延 伸 阅 读

令全世界为之侧目的雪人经常在隐藏着许多自然奥秘的喜马拉雅山脉一带出没。生物学家、人类学家对雪人的属性尚不明确，不知它是动物学上的新种类，还是人类的祖先。对于它的行踪，科学家们正在努力追寻。

喜马拉雅的神秘雪人

雪人的传说

1975年，一名尼泊尔夏尔巴族姑娘像往常一样在山上砍柴，远处有一只凶狠的雪豹已经悄悄跟踪她10多分钟，姑娘却一点也没意识到。

雪豹突然发起猛攻，没想到，一个像凶狠雪人的红发白毛动

物冲出来，和雪豹殊死搏斗。姑娘这才得以逃回村子。

　　另一个雪人救命的故事发生在1938年。当时加尔各答维多利亚纪念馆的馆长奥维古单独在喜马拉雅山旅行，突然遭遇了强劲的暴风雪，强烈的雪光刺得他睁不开眼睛，他怀疑自己患上了雪盲。当时没有任何措施可以呼叫救援，奥维古只能等待着自己变成僵硬的尸体。

　　就在他接近死亡时，感觉自己被一个近3米高的动物掩护住身体，保住了自己的性命。自己意识慢慢地清晰了，那个大动物又神秘地消失了，临走还留下了像狐臭一样的味道。

珠峰上的雪人

　　1953年12月31日，一支英国探险队全副武装地到达了印度，准备前往尼泊尔，寻找神秘的雪人。

6个月前，首领埃德蒙·希拉里和他的夏尔巴人向导丹增诺吉，在攀登珠穆朗玛峰的路上，曾经发现过巨大的脚印。他们坚信：雪人一定会再次出现。

雪人是一种介于人、猿之间的神秘动物，至目前为止，尚未有确切的雪人标本供人们研究，关于雪人的传说材料远远多过实证。喜马拉雅山雪人是人们谈论最多的一个分支。

资料表明，喜马拉雅山脉高海拔地区雪人出没的消息时有传出：早在1925年，一名希腊摄影师就报告说，他在珠峰地区的山谷地带捕捉到雪人行踪；1951年，一名英国登山者称在尼泊尔与中国交界的珠峰地区

发现雪人踪迹；1953年5月，第一批成功登顶珠峰的两名登山者也宣称在登顶途中见到过雪人。

1951年英国珠穆朗玛峰登山队拍下第一张雪人清晰的脚印照片。这脚印是在坚硬冰面薄薄的一层雪上留下的，长0.3米，宽0.18米，拇指很大向外张开。

延 伸 阅 读

英国《泰晤士报》2002年报道，动物学家罗波·麦克卡尔宣布，英国牛津大学的科学家对在不丹喜马拉雅山区的一棵树上发现的一团毛发进行DNA分析，证实这是一团不属于任何现在已经定种的动物的脱氧脱糖核酸。这次，似乎是确确实实的证据。

小个子野人的传说

小个子野人的传说

喜马拉雅山脉有着非常复杂的地形地貌，从海拔8000米至1000米，垂直分布着非常丰富的植物带，适合大量的奇异动物在此生存。

雅鲁藏布江流到喜马拉雅山脉的南迦巴瓦峰脚下时，突然由东向西南掉头，出现一个大拐弯，而就在这个区域形成的一些低海拔的峡谷中，诞生了小个子野人的传说。

大拐弯所在地叫林芝县，是青藏高原海拔最低的地区，素有"西藏江南"之美誉。在当地的农奴村里，流传着很多关于小个子野人的故事。村民们说他们见到的小型野人身高在一米左右，从个头和行为上看，很像山沟里上下流窜的猴子。村民丹松老人也看到过一个有一条腿的小野人，据说另一条腿是模仿人在相互打斗中打掉的。

曾经有三四个外地人到山林中挖虫草，由于当天赶不回去，便决定在山林中过夜。

晚上，他们在树林中生火煮菜，有人突然觉得有什么东西拉他的包，一看，后面有个小野人在盯着他们看，他们把烧着的树枝朝小野人扔去，小野人跑掉了，谁知到晚上他们睡觉后，野人又过来抢他们的包。

相关观点

关于野人的传说，大多数地方反映的都是巨人现象，而只有在南迦巴瓦峰脚下的山沟里出现的则是小个子野人，给人的感觉就像是千年的猴子成了森林里的精灵。

所以这里的野人是否存在，是一个很难得出结论的问题。据有关专家介绍，这类小型野人与巨人类的动物应该有着不同的血统，它们专吃林子中的野生物，不吃肉，似乎更接近猴类动物的生活。那么，会不会是村民看花了眼，把一些较大的猴子看成了小野人呢？

许多科学家认为，动物的高矮取决于骨骼学说，高大的巨人应该有高大的祖先，应该说巨人的祖先有可能是巨猿，而那些小个子野人似乎会有更多的祖先，但科学家在挖掘和复制古猿的时候却很难复制出那些小而粗壮的小型古猿，所以也无法确定小个子野人就是猴类。

野人的声音

林芝县柏木村的村民说，过去在当地是很容易听到野人的声音的，现在由于森林砍伐太多，进山的人也多了，所以不容易见

到野人和听到它们的叫声了。

如果小个子野人真的存在于这些低海拔的山沟中，那么与那些高大的巨人相比，它们为了生存得更为小心、谨慎。所以，也就更不易被人所见到。

一米高的野人

1980年农历正月初七傍晚，广西融水苗族自治县公社白湴寨瑶族社员卜小球去下铁夹现场察看猎物，见铁夹里夹着一个小野人，中国新闻社记者李延柱曾就此事走访了这位猎手。

据卜小球反映，这个小野人一米多高，头圆，有脸有额，耳朵、双眼、双手很像人类，一双含泪的眼睛似乎向他哀求，没有兽性，与人极像。

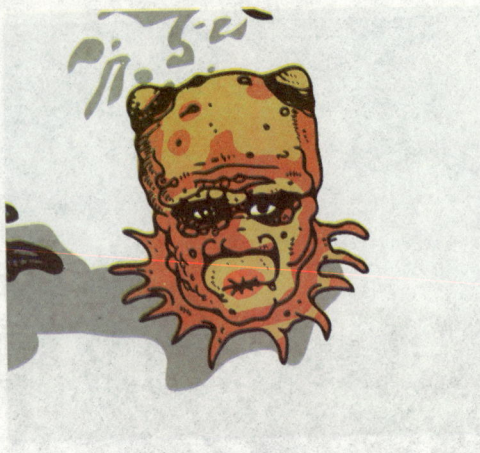

可是卜小球认为这怪物是两月前去世的好友托身转世来看望他的，于是喃喃自语："你不伤害我，我也不伤害你，放走你吧！"他松开铁夹，小怪物抽出被夹的手指，转身慢慢走了。

如果卜小球不迷信，把这个小怪物抱回家，然后把它养起来，揭开野人之谜不就有希望了吗？如今，广西的元宝山、贵州的雷公山、江西的南山，三省交界的高山密林地区，已成为一个考察中心。

我们深信随着时间的推移，野人之谜终有一天会揭开的。

延 伸 阅 读

不单在林芝有关于小个子野人的传说，在云南和广西一些地方也有关于小个子野人的传说。云南傣族管这种小型野人叫雅培、东都，而广西少数民族则管它叫"山魈"、"山鬼"、"山娃"，但这些人见到的到底是不是野人呢？至今仍无结论。

九龙山发现人熊踪迹

人熊的传说

从前，有一个经验丰富的猎手，他在山中遇到人熊渡河，便潜伏起来窥视，过河的是一只巨大的母人熊，带着两只小人熊，母人熊先把一只崽子顶在头上赴水渡河，游上岸后它怕小人熊乱跑，就用大石头把熊崽子压住，然后回去接另外一只熊崽子。

潜伏着的猎人趁此机会把被石头压住的小人熊捉走了，母人熊暴怒如雷，在河对岸把另一只小熊崽子拉住两条腿一撕两半，其生性既猛且蠢。

人熊标本

1979年8月，当丽水地区科委组织自然资源调查队在九龙山区进行综合考察时，听到群众关于人熊的种

种传说，考察队在山上还发现了一些奇怪的窝和大的脚印，于是增加了调查人熊的项目。在调查过程中获知，1953年，水南乡清路岔村妇女徐福娣曾打死一只企图侵犯她女儿的人熊，还砍下了怪兽的手脚，后来这副手脚被一个中学教员索取，做成标本保存下来。

1980年，几经周折，终于在遂昌西屏镇第一中学的贮藏室里找到了尘封20多年的标本。这副浸制标本可算是中国野人考察活动中除毛发外所获得的首份直接证据，这个消息一经发表便引起轰动。

有关专家于当年12月追踪到此，对现场进行考察，访问当事人及目击者，并对手脚标本进行多方面的详细研究，还与各种猴类、猿类及人的手脚标本进行对比。得出结论，它属灵长类，但绝不是野人的，也不是猿的，而是一种当地尚未见记录的大型短尾猴类。 它的平均身高可达1.2米，体重25千克至30千克，跟国内已见报道的短尾猴类在某些形态细节上略有区别。

而与安徽黄山上尚未见正式报道的黄山短尾猴相似，据推测可能是同一类型的短尾猴类。虽然解决了这个有手脚标本实物的人熊的属性问题，但群众所称高约两米，脚印巨大的人熊，还有待进一步考察和澄清。

罗布泊的人熊

1983年古人类及 "野考" 专家周国兴沿天山南麓几个著名城镇考察，发现几乎所到之处在历史上均有野人的记载和传说。

周国兴了解到，1959年10月，在苏联塔什干出版的一期《科学与生活》杂志上，曾刊发一篇《有没有野人？》的文章。

该文记述，1957年，时任新疆维吾尔自治区主席赛福鼎在与前苏联专家交谈时，提及有一个维吾尔族农民，在罗布泊地区曾猎获一个能够双脚直立行走、毛呈棕色的人熊。他将人熊皮剥下后带到库尔勒，赠给了州长。

人熊是棕熊吗

素有"世界屋脊"之称的西藏是全国熊种最丰富的地区，这里有30000多只棕熊、黑熊生活在海拔4000米以上的雪域高原。因此，有人认为喜马拉雅山区所谓的野人就是棕熊。棕熊体形健硕，肩背隆起，粗密的皮毛有着不同的颜色，例如金色、棕色、黑色和棕黑等。到了冬天，皮毛会进一步长长，最长能到0.1米，到了夏季则重新变短，颜色较冬季的深。

有些棕熊皮毛的毛尖颜色偏浅，甚至接近银白，这让它们的

身上看上去披了一层银灰色。棕熊体型较大，公熊体重300千克至500千克；母熊则通常只有公熊的一半。棕熊前爪的爪尖最长能到0.15米，不过比较粗钝。棕熊的嘴部比较宽，有42颗牙齿，其中包括两颗大犬齿。和其他熊科动物一样，它们也是跖型动物，并长有一条短尾巴。棕熊能像人一样双脚站立起来观察周围的环境，并在树丛中行走，直立时身高能达到1.7米至2.8米。

棕熊虽然体形庞大，但通常都比较胆小，有时一个普通人就能吓走它们。另外，捕猎、争抢其他猛兽的食物时，或者交配季节的公熊都会比平时更有攻击性。

棕熊肩背上隆起的肌肉使它们的前臂十分有力，一只成年的棕熊，挥击前爪可以击碎野牛的脊背，而且可以连续挥出好几下。棕熊外表虽然笨重，但它们奔跑的速度却可达到每小时56000米，由于耐力甚好，它们可以用这样的速度连续奔跑几十千米。此外，棕熊还是一个模仿能力很强的动物，特别是它模

仿人的样子极为逼真。如棕熊能模仿人挥手打招呼的动作，有时它会头顶牛粪，在远处挥手，吸引牧童，远远望去仿佛是一个戴着圆帽的人在打招呼，但走到近处才发现原来是棕熊。

从棕熊的种种生活习性上来看，其确实有与人熊相似的地方，但如果说棕熊就是人们所说的野人还需要一定的证据证明。

延 伸 阅 读

人熊的学名称作"罴"，姿态五官似人，性猛力强，可以掠取牛马而食，所以叫作"人熊"。人熊在民族语言里就是山魈，是一种人形多毛，青面赤须，以人为食，凶狠残忍的怪物也是无敌的勇士。

关于各地的野人传说

传说一

贵州省月亮山腹地有一个古老的苗族村寨，世代靠狩猎为生，1930年6月的一天，12位男子领着猎狗上山打猎，突然犬声大作，猎人们看到一个直立行走的人形动物站在两棵大树之间，

身高约1.8米，头发披腰，浑身长满黑中透红的毛发，唯独脸颊处无毛发，可以看到黄色的皮肤。

此外，胸部两个硕大的乳房流着乳汁，也无毛发，形状与女性体特征无二。11只猎犬冲上去均被野人厮杀，猎人们放枪将野人击倒捆实。

传说二

1960年，云南省西双版纳山区不断传出野人出没的消息，当地少数民族当时还保留着刀耕火种的方式，年年烧荒，耕地离家越来越远，消息传出，乡亲们惊吓得不敢外出种地。

传说三

1962年，广西元宝山良双村村民贾志现被野人抓走一天一夜，事件报道者为三江县离休干部马贤。在马贤的带领下，当地记者在事发村中见到了当事人贾志现。贾志现的叙述细节与当年的马贤采访手记大相径庭，但承认确有其事。

传说四

1996年1月18日，广西榕江县摆拉村一位六旬老汉购置完年货归家，途经一牛圈时，被一雌性野人掳至沿着山坎下一处茂密的森林中强暴，老汉因此丧命，整个强暴过程被放牛的村民目睹。

后经公安机关尸检专家检尸，认定为一起激烈性虐致死案。接到报案时，时任乡党委书记的龙安跃参与了现场调查。

调查研究

由于贵州、云南与广西地区不断出现有关野人的传闻，引起了研究者的兴趣。最早的调查始于1956年。

1956年8月，广西柳州农民覃秀怀在愣寨山一座溶洞中偶然发现了一块形状与人类下颌骨非常相似，但是大得多的动物骨骼化石。

消息引起了北京猿人完整头盖骨化石的发现者、当时正在广西考察的裴文中教授的高度重视。由覃秀怀带路，裴教授带领的考察队再次进入溶洞，在洞内所存的众多的古动物化石中，又找到了两块相同的下颌骨化石。

根据检测，这3块与人相似的下颌骨化石来自于60万年前的一种古猿，这是一种介于人猿之间的高级灵长类动物，其身高超过两米，科学界称之为"巨猿"。

而在此之前的1945年，美国生物学家魏敦瑞曾专门发表论文认为，这种古猿骨骼构造更接近于早期原始人，它的名字应该叫做"巨人"。

愣寨山发现的巨猿颌骨，为绵延不绝的广西野人传闻多少提供了一些实证材料。

1984年秋，中国野人考察研究会执行主席方古教授、"野考"专家刘民壮一行10人赴广西榕江县考察野人，并收集到被打死的野人的毛发与皮，经化验，认定"是介于猿和人之间的高级未知灵长类动物的毛发"。

1996年摆拉村老汉遭野人强暴致死事件发生后，中国珍

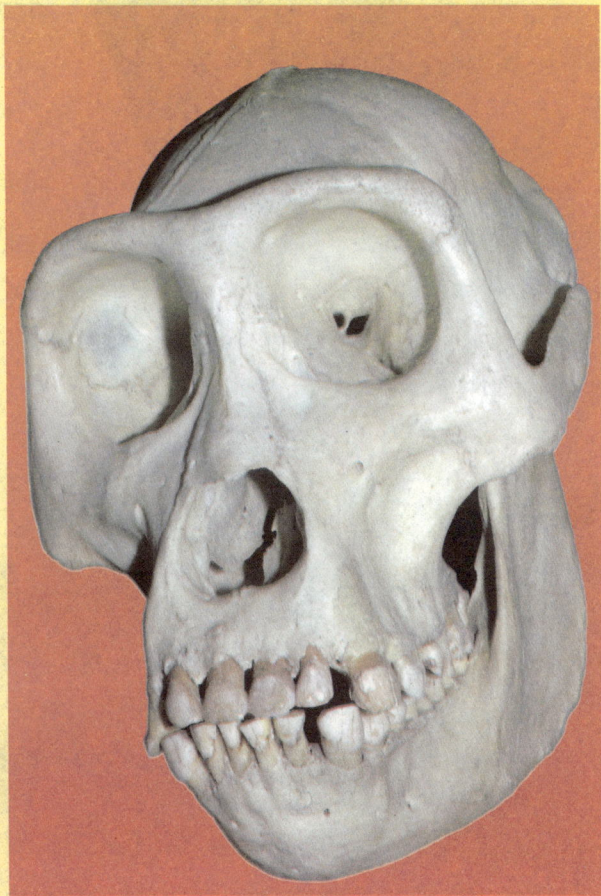

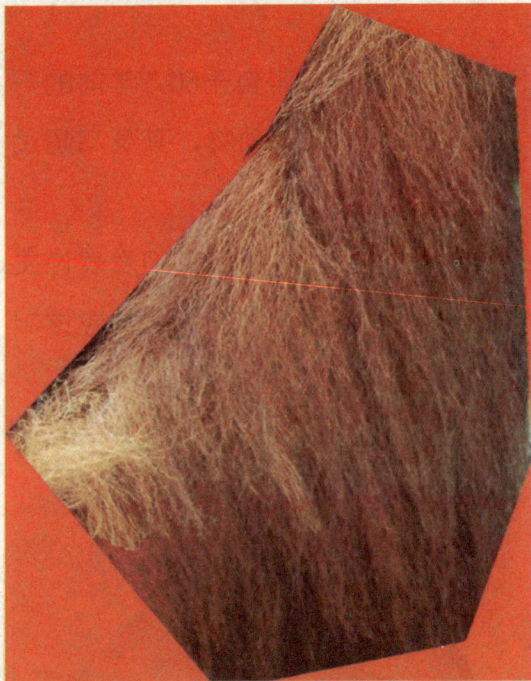

稀动物研究会会员、月亮山野人研究专家朱法智在事发当地采集到了野人的毛发、野人凝固的血块和野人粪便等证物。

朱曾任广西榕江县县委常委、县长等职，已从事考察野人行踪研究工作20余年，颇有成就。

据朱曾介绍：月亮山一带出现野人传闻的时间比神农架还要早，当地村民称野人为"变婆"、"人熊"，仅在月亮山区，就有1000余人称看到过野人，较神农架地区目击野人的人数多出近3倍。

延 伸 阅 读

我国云南高原雪山区，以及云贵和广西的热带原始森林区，还有湖北、重庆和陕西三省市交接的神农架林区等地方，是我国野人目击的高发地区，考察者在神农架还曾寻获野人粪便及毛发，但仍未找到一例野人的活体。

帕米尔高原野人出没

目击事件

　　1906年，有位名叫巴拉金的俄国探险家，在一次到中亚的考察中曾见到一个毛茸茸的类人物种，它被认为是由学者首先亲眼见到的帕米尔高原上的野人。1925年，一支苏联军队追击白匪，通过帕米尔地区时，在深山里突然发现一排奇怪的足印。他们寻踪而至一个山洞中，发现里面藏着一个与人很相像的奇异动物，

受到惊吓的士兵开枪打死了它，军医对它做了体检，然后将其埋入石堆中。

1937年，有人在帕米尔利用苹果树边的陷阱，捕获了一个活野人，好奇的人们给它穿上了衣服，但它一直不吃东西，眼看快要饿死了，人们只好放走了它。

1941年，一位名叫维·斯·卡捷斯蒂夫的苏联军医在帕米尔一个小山村里捉到一个浑身是毛的怪物，它不会讲话，只会咆哮。后来边防哨所的卫兵将它当成间谍枪杀了，这令军医很伤心。

1953年，我国新疆塔什库尔干马尔洋公社三大队的萨普塔尔汉骑驴下山，走着走着驴子突然受到惊吓，原来在前方草地上有一身披黄毛的类人生物，并且发出类似口哨的声音。萨普塔尔汉回村后，将此事汇报给县公安局。在随后的调查中，发现了该毛野人遗留在现场的脚印，根据判断它是朝雪山方向走去的。后来此事在当地流传很广。

据苏联《共青团真理报》报道，1957年8月10日，彼得格勒大学的水文专家普罗宁在帕米尔考察时，先后两次目击到浑身披毛的人形动物，这种人形动物脸成麻色，脚毛发黑。

1958年1月29日《北京日报》发表了八一电影制片厂导演白辛题为《我所知道的雪人》文章，文中提到他们在帕米尔高原工作时遇到两个类人动物的情景，遗憾的是白辛并未追上它们看个究竟。在帕米尔高山群中的萨南冰川和附近盖满石头的山坡中充满了大脚野人的传说。1981年人们在此发现了两个野人的足印，并将其制成了足印模子。

面部特征

近百年来，从世界各大陆不断传出发现野人的报告，其中帕米尔高原地区，是野人出现最为频繁之处。在帕米尔，人们对于

野人的描述不尽相同，好像是两种不同的物种，其中一类应属人科，按照有关报道的描述，很像是属于喜马拉雅雪人的范围。它的面部特征是：黑眼睛，牙齿较长，形状与现代人牙相近，前额倾斜，眉毛很长，凸出的颚骨使其面部类似于蒙古人，鼻子低平，下颌宽大。

延 伸 阅 读

居住在喀什地区帕米尔高原的塔吉克族人把传说中的野人叫做"牙瓦哈里克"，而维吾尔、柯尔克孜人则称其为"雅娃阿丹姆"。生活于这里的哈萨克族则有在此发现雪人的诸多记载。

阿尔玛斯野人目击记

阿尔泰山的阿尔玛斯

1904年4月，俄罗斯旅行家布·巴拉金的骆驼商队正行进在阿拉山干枯的沙漠里，太阳落山时他们发现夕阳下有个毛发人站在沙丘上。

他有点儿像一只弯着腰、垂着长臂的猿，当他发现了商队后，便一转身消失在起伏的沙丘后面。

巴拉金这个记载直到50年后，才被著名蒙古学者日阿姆查拉诺重新发现。

他对蒙古的"阿尔玛斯"进行了近半个世纪的追踪研究，结论是阿尔玛斯目前正在日益减少，甚至已濒临灭绝。

日阿姆查拉诺教授去世后，著名语言学家博士林干教授和他的助手又接续了他未尽的事业，他们访问了一些在戈壁滩居住的目击者，那些戈壁居民说"阿尔玛斯"很像人，不会说话，遍体覆盖着一层红褐色的毛发，身高像蒙古人，背有点驼，走路时膝盖部分是半弯着的，颌骨很大，前额较低，眉弓突出。

"阿尔玛斯"的皮

1937年，蒙古人道尔基在戈壁的一个僧院里，意外地发现了一张"阿尔玛斯"的皮，这张皮保存得非常完整，各个部位和人类基本一样，这也证明了这种神秘的类人动物是存在的，据有关的报道，"阿尔玛斯"有躲避人类的倾向，喜欢夜间行走。但高加索最东部的阿尔玛斯与人类相当友好。

据说，19世纪在高加索有个男子捕捉到一个女性的阿尔玛斯后，给她取了个名字叫"萨纳"，竟把这她当作奴隶。后来萨纳为主人生了三个混血儿，其中的老三去世后，其头盖骨被莫斯科达尔文博物馆保存。据俄罗斯人类学家称，其眼窝上骨及颅骨后部形状与尼安德特人头骨有相似之处。那么这到底是不是尼安德特人呢？

冰川上出现阿尔玛斯

1998年7月，英国人朱利安·弗里艾特伍德率领一支远征队进入蒙古探险，在亚历山德若夫的雪山上，发现一长行大脚印，他们分析后认为这是传说中的雪人留下的足迹。

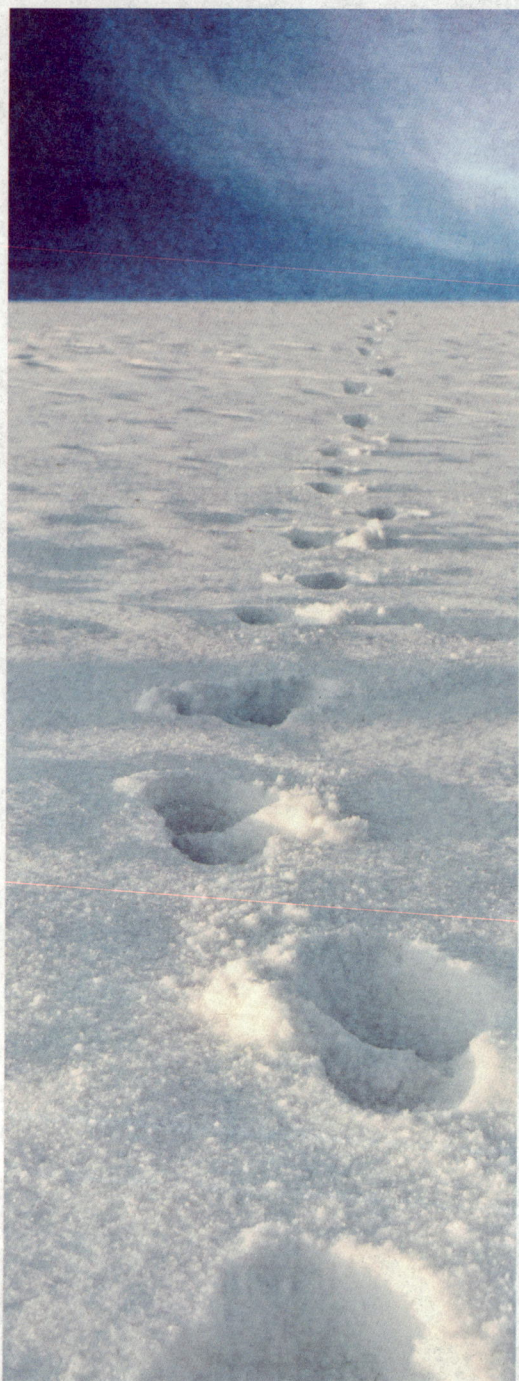

朱利安·弗里艾特伍德当时拍摄了脚印的照片，由英格兰若干所名牌大学的专家教授做进一步研究。

为显示脚印的尺寸，朱利安用冰镐放在其中一个巨大的脚印上，并拍了照片。

专家的研究

专家们看了照片后，都同意被传说几百年的雪人看来确有其事。这种雪人或许与北美发现的野人有亲缘关系。

著名登山运动员克里斯·波宁顿说："以往人们确曾目睹两腿站立的雪人，现在又有照片为证，无人可否认雪人存在了。"但在提出实物验证前，如雪人骨头，上述说法仍欠说服力。

牧族人证实

在离开营地返回英格兰前，朱利安曾找当地一个哈萨克游牧族人证实他们的看法，结果被告知远征队当时扎营处正是雪人常出没的通道。

那位游牧民说，4年前他曾在近距离内与一雪人相遇，后来雪人逃跑了。

他形容自己看到的雪人时说，那个雪人高大，全身毛茸，没

穿什么衣服，就像一只猿猴。他还说，雪人通常喜欢在冰川中行走，并以野羊和山坡低处的植物为食。至于雪人住在什么地方，怎样生存，与什么为伴，他则表示自己并不清楚。

延 伸 阅 读

　　有些古生物学家始终认为，生存了数十万年的尼安德特人不可能在短短的几百年中全部灭绝。很可能还有少数残存的尼安德特人的子遗，生活在人类不易到达的荒山或丛林之中。

日本出现的赫巴贡

比婆怪兽的出现

1970年的夏天，位于日本广场县东部，岛根县和鸟取县县界附近的比婆邵西城町，有容貌奇异，似类人猿生物出没的传言。

同年的7月20日20时左右，30岁的丸崎安孝先生也曾见过一个跟小牛般大小，容貌像大猩猩的怪物，这一年里，一共有12件目击怪物事件的报告。

1974年的8月15日，比婆怪兽终于被居民摄下身影。在那天8时多，住在比婆郡比和町的三谷美登，驾车奔驰在庄原市浊川町。突然，车道前方出现奇特的物体，他即时紧急煞车，三谷凝视着那个物体，它全身覆盖着毛发，但那不是猩猩，看起来更接近人类。

三谷立刻拿出照相机，踩下油门前进，当距离怪物约40米时，怪物也察觉有车子靠近，它回头了。

刹那间，怪物跳上了田间小道，蹿进柿子树林里去了，三谷也不服输，停车追赶而上，当怪物和三谷距离7米至8米时，三谷拿起照相机，以颤抖的手指按下了快门。但是怪物很快地又逃往树林深处，三谷只好放弃追赶。不过，虽然是在慌忙的一瞬间，三谷却成功地拍到了两张照片，而且，冲洗出来的照片上的确有全身覆盖着毛发的怪物。

遇到怪物

之后，比婆怪兽就不再出现。但是，在1980年10月20日，在广岛县东方县福山市山野町，又发生遇到怪物的事件。

在当日清晨6时40分左右，居民柴田开着卡车回家途中，在山野町田原的县道上，也看到了好像穿着黑色外套的怪物。

当开车接近它时，他仔细一看，那怪物全身覆盖着灰褐色的毛，肌肉结实，手臂很长，而面貌则像猴子，但更接近大猩猩，可是，感觉上它不是大猩猩，而是一种难以形容的怪物。

柴田又证明说，怪物身高大约1.5米，脸黑黑的，只有腹部没

有毛发。双方对视了一分钟左右，怪物立即转身往县道走。柴田发现，怪物的脚似乎行动不便，它一跛一跛地走向5米下的原谷河，横越河流，消失在山中了，后来此怪物被命名为山怪。但因体形行动、容貌等和比婆怪兽相近，所以被推测是属于同一种生物。

延 伸 阅 读

1982年5月9日，日本两名少年在广岛县，看到了近似比婆怪兽、山怪的怪物，因为在久井町发现，所以也称为久井怪兽。那么这些怪物到底是什么呢，虽有种种的推测，但最有力的说法是大猩猩，不过，目击者都不同意这种说法。

非洲地区的蓝色野人

庞大的蓝色种族

一支考察队跋涉在非洲西部一个与世界隔绝的山区，他们此行的目的是对这里进行自然植被及野生动物的考察及研究工作。有一天，队伍正穿行一片茂密的树丛，忽然，他们看见有几个像原始人一样用兽皮、树叶遮体的人。

队员们仔细一看，发现这些人的皮肤是淡蓝色的。这些有着

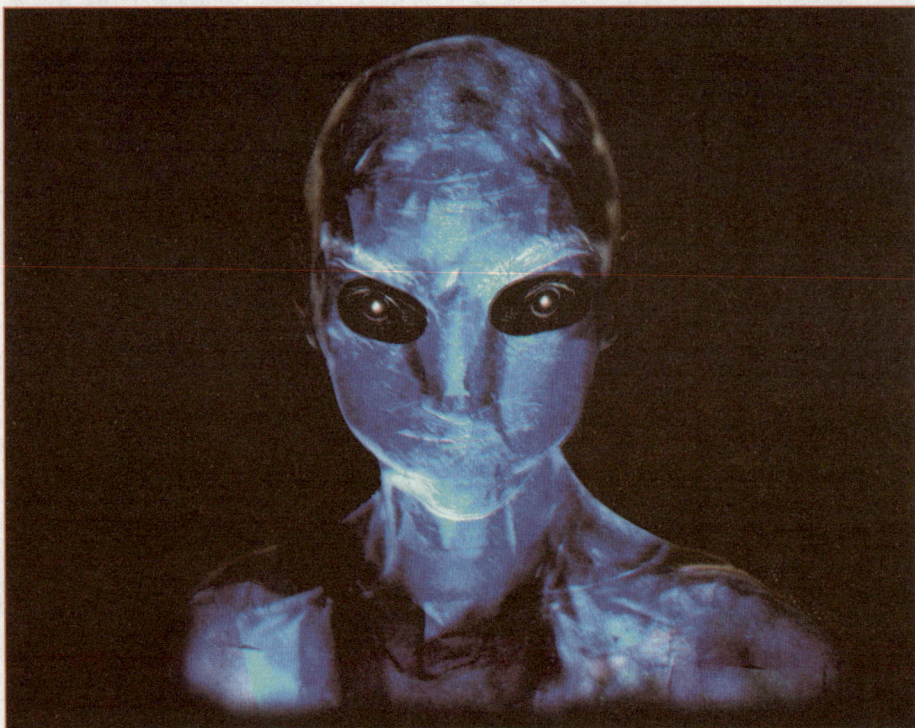

蓝色皮肤的人发现附近的陌生人，立刻拔腿就跑，转眼消失在密林之中。进一步的调查后终于发现了这些蓝色皮肤的人竟是一个庞大的家族，居住在洞穴之中，过着狩猎的原始生活。他们又发现这些奇特的人不但皮肤是蓝色的，而且连血液也是蓝色的。

发蓝光的人种

在这一奇特的发现之后不久，美国加利福尼亚大学医学院的著名运动生理专家韦西，在智利的奥坎基尔查峰海拔6000多米的高处，也发现了适应力极强的浑身皮肤发着蓝色光的人种。韦西说在这样高的山峰上，空气十分稀薄，含氧量很少，这些奇特的蓝色人像机灵的猴子一样，行动特别敏捷，令人难以与之相比。

这一系列蓝种人的发现，向人们关于人种的划分提出了挑战，他用事实说明在地球上除了黄、白、黑、棕这4种人种之外，蓝色人种也该占有一点位置了。然而更令人奇怪的是在世界上黄、白、黑、棕这4种人，无论其肤色如何，其血液都是鲜红色的，而这蓝色人的血为什么会与他们的皮肤相同是蓝色的呢？

探秘蓝种人

对这一奇怪的现象，科学家们提出了各自不同的见解。一种说法是皮肤的颜色和血液的成分关系密切。蓝色人的血液中有一种"超高血型蛋白"，却缺乏一种控制这种蛋白增长的酶，所以他们的血液呈蓝色，致使皮肤也呈蓝色。

另一种看法认为，蓝血人是一种病理状态，在他们的血液中某些化学成分发生了异常变化。一些美国科学家提出，在血细胞内，血红蛋白质负责输送氧气，当氧气充足时，血红蛋白会呈现红色，所以常人血液皆为红色；当缺乏氧气时，血红蛋白就会变成蓝色。蓝色人全身蓝色，可能就是高山缺氧所致。

他们在研究中发现，蓝种人的血液中血红素大大超过了正常人。这大概就是他们能适应高山缺氧环境的原因。

还有一些科学家从某些具有蓝色血液的动物身上得到了启发，他们指出，在海洋中有一种大王乌贼和马蹄蟹血液是蓝色的，墨鱼血液却是绿色的。可见，血液的颜色是由血色蛋白含有的元素所决定的。

延 伸 阅 读

科学家们从不同的角度出发各抒己见，有的说是缺酶，有的说缺氧，有的说缺铁，还有的认为是由基因变异决定的。他们各执其理、互不相让，使这蓝色人种、蓝色血液之谜在纷纭的争论中显得更加扑朔迷离。

太白山上出现野人踪迹

太白山野人传闻

太白山国家级自然保护区位于秦岭西部，地处陕西省宝鸡市的太白县、眉县和西安市周至县三县交界处。太白山为秦岭山系的最高地段，主峰拔仙台海拔3767.2米，是我国大陆东半壁的最高山峰。保护区地处秦岭山脉中段，是华北、华中和青藏高原三区生物交汇过度地带，区内动植物资源丰富，植被垂直分带明显。

植物有2000余种，国家重点保护植物有连香树、水青树、星

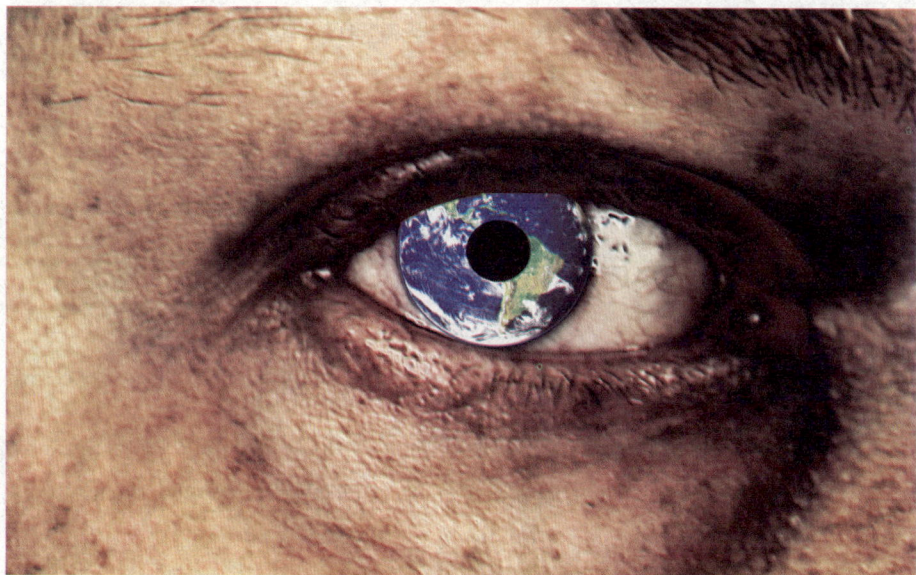

叶草、太白红杉等21种；动物有270多种，国家保护动物有大熊猫、羚牛、豹等20多种。关于太白山野人，太白山自然保护区管理处编著的《秦岭主峰·太白山》一书这样介绍："近几年来，据当地群众报告，太白山东侧的一些地方，曾出现过野人，这更加引起生物学界和人们的极大兴趣。"

太白山是东、西太白山及其间的主脊跑马梁与一系列南北延伸的峰岭和深切河谷的组合体，由主脊和南北延伸的峰岭构成太白山的骨架，海拔多在2600米以上。

从构造成因上看，它是一个断块山地，太白山占据了太白断块的主体，其主峰拔仙台是我国大陆东半壁的最高峰，其海拔比北部的关中渭河谷地高3000余米。太白山顶面微向南倾。东西长，南北极窄；北坡极为陡峻，多峡谷或障谷。这种地势是适合灵长类动物隐藏的最佳地点。从直接或间接目击者提供的地点厚畛子、荒草坪、跑马梁、架沟来看，都在太白山东南侧一带。出处与书上的记载却极为接近。

从气候条件来讲，太白山自然保护区地处中纬度地带我国西北部的暖温带南缘，在这一地区冬季盛行偏北、西北气流，寒冷而干燥，降水偏少；夏季受西南及太平洋暖湿气流影响，气候炎热湿润；春秋季处于冬夏季的过渡期，气候变化较大，四季分明。7月至9月降水量较多，约占全年降水量的50％，有利于植物生长，属典型的内陆季风气候区，比较适合动植物生长。

从目击者的职业来看：采药、打猎、伐木，极有可能在意外之间与野人遭遇。深山里狗熊、豹子、野猪都是令人害怕的野兽，为什么要讲出一个与野人相遇的经历来呢？

目击者描述相同，但互不相识，时间不同，而看到的野人特

点、地点却极为接近，这便增加了太白山存在野人的可能性。

遇到死野人

1940年秋，山东省徐州市的王泽林先生在黄河水利委员会工作，曾和同事们乘汽车由宝鸡去天水。起程不久，传来枪声，众人以为土匪劫路，便一直朝前冲去。

大约行驶了10多分钟，只见公路上站着一群人，众人下车询问，原是当地群众打死了野人，死野人停放在公路边。

据回忆说：野人个子很大，约有两米左右，全身都是黑红色，毛发又厚又密，有一寸多长。当时它面朝下卧着，车上有好事者把它翻转身来看，原是一个母的，腹部毛色较浅，是红色，两个乳房很大，乳头较红，像是刚生过孩子不久，还属哺乳期。头部看起来比普通人的大不了多少，面部毛较短，脸很窄，鼻子被毛盖着，只露两只眼睛，颧骨突出。因此眼窝显得很深，嘴唇前突。头发较短，只有一尺，长发披肩，形象极似猿人的石膏模型。野人两肩很宽，约0.8米至0.9米，手和足有很明显的差异，手心、足心没有毛，手指和指甲都很长，脚有一尺多长，脚掌有六七寸宽，足趾向前。

据当地人说："发现这野人已有一个多月，野人力气很大，登山如履平地，一般人追赶不上它。它没有语言，只会嚎叫。"王先生是学生物的，所述比较具体，根据当代对野人考察所得的资料相对照，其特点为长发披肩，眼深唇突，身材瘦长，乳房下垂，尤其手足间有明显差异，能够健步疾走，已远远超过了类人猿的形象。

有待调查

对于太白山自然保护区有野人的说法，该自然保护区管理局副局长另有说法，他认为，"保护区于1965年经省政府批准建立，1986年晋升为国家级保护区，主要保护对象为森林生态系统和自然历史遗迹。他们的工作人员大部分时间在山上，跑遍了保护区内的

山山岭岭，在长达40多年的考察保护过程中，也听说过野人的事，但都没有见过，看来野人之事可能只是一个传说罢了。"

到底是前人的说法正确，还是这位副局长的说法有道理，看来还需要更多的证据才能证明。相信一定的时间后早晚能够使太白山的野人之谜大白于天下。

延 伸 阅 读

神农架的生态系统一直是连续的，它等于是在中国的一个生物走廊，我们说的神农架是一个狭义的神农架，实际上神农架应该看成是广义的神农架，神农架代表的是大巴山和秦岭太白山。

神农架的神秘野人

地理位置

神农架野人，据说是生活于神农架一带的野人，古有屈原《九歌·山鬼》诗一首，从新中国成立前就不停有执著的探险家在一直考察，但时至今日也没有足够令人信服的证据证明神农架野人的存在。

神农架位于湖北省西部，东与湖北省保康县接壤，西与重庆市巫山县毗邻，南依兴山、巴东而毗邻三峡，北倚房县、竹山并

且邻近武当，总面积3253平方千米。辖5镇3乡和一个国家级森林及野生动物类型自然保护区、一个国有森工企业林业管理局、一个国家湿地公园，林地占85%以上。

北纬30度线

神秘的北纬30度线，有着一串串绚丽多彩、摄人心魄的世界自然之谜：百慕大三角、埃及金字塔、诺亚方舟、撒哈拉大沙漠、珠穆朗玛峰……神农架野人之谜也令人注目地串在这条神秘纬线上。

野人之谜，世界许多地方都有报道，但大都渐渐销声匿迹，唯独神农架至今仍然不断有野人目击消息频频传来，或许是这里的生态环境更神奇，或许是这里的人文关怀更亲切，或许是它们眷顾这片生息久远的故土家园。正是由于它们的眷顾，更为这个地球上最亮丽的风景线平添了几分神秘壮美的色彩。

科学推论

20世纪90年代，中外野考科学家曾作出这样一个推论：神农架是地球上最有可能生存野人的地区。目前，神农架已独有3项桂冠：中国的"国家级森林和野生动物类型自然保护区"；联合国教科文组织命名的"人与生物圈保护网"；世界自然基金会确认的"生物多样性保护示范点"。神农架位是我国唯——个以"林区"命名的行政区，堪称长江、汉江分水岭上特色独具的一片生态区域。

野人之谜

野人到底有没有？这是一个让人迫切地想知道答案的问题。关于神农架有野人出没的文字记载古已有之。即便是在新中国成立以后，至少也有三四百起野人目击事件的发生，但为什么这么多年过去了，野人依然生不见人，死不见尸？

2003年，野人目击事件再度发生。当地电视台在事发之后，第一时间赶到了现场，现场留下的痕迹和野人有无关联？人们收集到的毛发是否为野人留下？冰天雪地里的大脚印又是否真实存在过？《走近科学》记者寻访当事人，请教各方专家，动用先进科技手段，试图揭开野人之谜。就在这个过程中，一个野人的身影闯入了视野，当地人盛传他是野人的后代，而且他的长相和行为都明显地异于常人，这一切是否只是偶然的巧合？这些线索也许指向同一个目标——野人！

延 伸 阅 读

1997年9月，地处神农架北麓的房县安阳乡有一个中学退休教师赵坦在房县、保康交界处，看见一个野人，他描述说，这个野人"长头发，黑色，披在肩上，脸上没有头发，看不到耳朵。个子挺高。"

神农架再现野人踪迹

野人踪迹再现

2001年10月3日，从湖北神农架林区传来消息，几名旅游者在神农架林区猴子石一带目击到了被当地群众称为野人的奇异动物。

第二天，一个由中国科学探险协会奇异动物科学考察委员会秘书长王方辰、中国科学院古人类研究所袁振新教授、北京师范大学生物系教授娄安如组成的考察小组赶赴神农架，会同驻守在

当地的考察队员张金星，在神农架林区的一个旅馆里找到了当时的几位目击者。

经了解得知，在距离几百米远的地方，几个目击者不仅看到了一个两脚直立的大型人形动物，而且用自己的照相机拍了照，已拿去冲洗。

新发现尚难定论

目击到奇异动物的旅游者，虽把照片冲洗出来了，但很遗憾，由于相机的关系，照片上很难看得清楚。他们到底看到了什么？会不会看花了眼，把人或其他动物误看成了野人？专家们和目击者一起来到现场做进一步的考察。

在现场，根据野人出现的位置，专家们让目击者上去进行比较。经过比较，目击者再次证实，确实看到的不是人，而是一种两脚直立的大型动物。

为了能够再次亲眼目睹，考察小组和目击者一道，向山坡上奇异动物出现的地方进发。就在距离奇异动物现身处200多米的地方，专家们找到了脚印。

专家发现，这是一只右脚脚印，脚趾在里头，印子还蛮新鲜。

经勘察，发现的脚印是一种叫苏门羚的羚羊留下的。

接着，专家们在距离脚印不远的地方，一个动物躺卧过的地方发现了动物毛发。

专家们对毛发进行了观测，初步认为这几根毛发是羚羊留下的。

但根据目击者的叙述，他们看到的绝不可能是羚羊，而是高两米

以上、两脚直立的动物。

它到底是什么呢？专家们在距离奇异动物现身处方圆几百米的地方继续寻找着。

发现睡窝

在野人现身处的背后山坡下200多米的地方，专家们在一处背风的巨石后面有了新的发现——睡窝。

经鉴定，这是一个高达两米以上的动物睡卧的地方。这与目击者叙述的体形高度完全相符。这个深藏在神农架箭竹林中的睡窝，是用箭竹柔软的上部铺成。

经鉴定，已知的高等灵长目动物均不可能达到如此高的工艺水平，而猎人非但不敢孤身光顾于此，也绝不会做得如此粗糙，更不会在周围不留下任何痕迹。

发现粪便

在离睡窝不远的地方，专家们又发现了动物留下的粪便。这几处粪便都是一种动物分几次排泄的，而且相对集中，绝对有别于一般的动物排泄方式。

专家发现，有大便的地方跟睡窝都离得很远，因为这些大便跟人的大便一样特别的臭，所以它要离它的窝远一点，别的动物不这样。

专家们决定把采集到的粪便带回北京做进一步的鉴定。一是研究这种奇异动物的食性；二是看看粪便中是否有血小板等可以做DNA检测的物质，从而证明，确实是有一种与人近似的高等灵长

类，也就是被群众称为野人的奇异动物存在。

但这次的粪便中没有找到能够提取DNA的血小板等元素，只做了一般的观测和分析。

随着时间的推移，野人之谜终会被揭开。如果能够揭开野人之谜，其科学价值不可估量。

通过此次科学考察，如果能证实野人的存在，就是找到了人类祖先的堂兄弟，这对揭示人类的进化历史，重新认识人类的进化进程都有极其重要的意义。

延 伸 阅 读

我国古代的书籍中曾有过许多关于野人的记载和描述，仅野人的外号和别名就有几十种之多，如"山鬼"、"毛人"、"黑"、"擂"等。当然，我们很难判断哪些是纯粹的信口开河，哪些是有根有据的事实。

传说中的红毛怪物

突然发现怪物

神农架山比较高，气候比较冷，变化比较多。当冰期到来的时候，或者是冬季到来的时候，怕冷的动物可以往海拔比较低的地方去。

神农架海拔最高的地方有3100多米，上面冰天雪地，下面还是郁郁葱葱的，有吃的东西。它等于是在我国的一个生物走廊，特别适合各种灵长类生物生存。

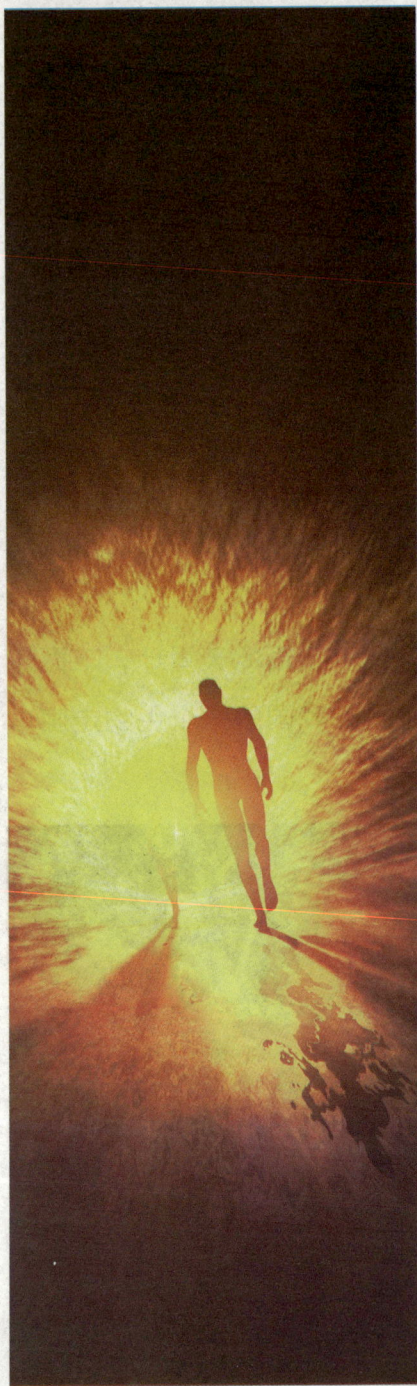

1915年，神农架边缘地带的房县，有个叫王老中的人，他以打猎为生。一天，王老中进山打猎，中午在一棵树下休息。不一会就迷迷糊糊地睡着了。朦胧中听到一声怪叫，睁眼一看，有一个两米多高、遍身红毛的怪物站在眼前。

王老中惊恐地举起猎枪……

被怪物带回山洞

王老中迷迷糊糊中，只感到耳边生风，没想到红毛怪物奔跑的速度非常快，瞬间跨前一大步，夺过王老中手中的猎枪，在岩石上摔得粉碎。然后，把吓得抖成一团的王老中抱进怀中飞跑。

红毛怪物不知翻过多少座险峰大山，最后爬进了一个悬崖峭壁上的深邃山洞。王老中渐渐地清醒过来，这才看清这个怪物原来是个女野人。

白天，女野人外出寻食。临走的时候，她便搬来一块巨石堵在洞口。晚上，女野人便抱着王老中睡觉。

一年后，女野人生下一个小野人。这个小野人与一般小孩相似，只是浑身也长有红毛。小野人长得很快，身材高大，力大无穷，已经能搬得动堵洞口的巨石了。

想方设法逃回家

由于王老中思念家乡的父母和妻儿，总想偷跑回家，无奈巨石堵死了他的出路。因此，当小野人有了力气后，他就有意识地训练小野人搬石爬山。

一天，女野人又出去寻找食物，王老中便用手势让小野人把堵在洞口的巨石搬开，自己爬下山崖，趟过一条湍急的河流，往家乡飞跑。

就在这时，女野人回

洞发现王老中不在洞里，迅速攀到崖顶嚎叫。小野人听到叫声，野性大发，边嚎边往回跑。

由于小野人不知河水的深浅，一下子被急流卷走。女野人悲惨地大叫一声，从崖顶一头栽到水中，也随急流而去。

已不成人形的王老中逃回家中，家人惊恐万状，竟不敢相认。原来他已失踪10多年了，家人都认为他早已死了。

延 伸 阅 读

神农架山比较高，气候比较冷，变化比较多。当冬季到来的时候，怕冷的动物可以往海拔较低的地方去。因为上面冰天雪地，下面却还是郁郁葱葱。

沙河村民遭遇野人事件

目击事件

1985年3月7日，湖北省襄樊市沙河乡农民邓青云、陈传义在雪地里发现野人脚印，跟踪追寻了1500多米，发现一个2.3米高的红毛野人，两人包抄上去，却未能抓住。

1985年5月10日，沙河供销社职工裴运泉、襄樊市运输公司职工知光华与司机李明华乘卡车经鲁家坪杨家洼时，发现一个1.3米高的黑色棕毛野人在直立行走，之后钻入密林。

  1985年5月31日11时左右，自费赴湖北省房县桥上考察野人的辽宁省锦州市黑山县青年丁学忠在山上听见怪叫声，随后看到离他12米处有两个红毛野人在打闹，一不小心踩断树枝发出声响，野人闻声逃走。1993年9月3日18时15分，铁道部大桥局谷城桥梁厂一行8人乘车途经燕子垭时，在一个弯道旁约20米处发现有3个野人正低头迎车走来，司机黄师傅一惊，高呼"前面有野人！"在车冲到距离野人仅五六米处时，走在道左的矮壮野人用前肢推了右边两个野人，3个野人迅速冲下公路，钻进森林。

  1995年4月的一天下午，正在打猪草的农民陈安菊在名叫唐家坡的山上发现一个她从未见过的奇怪动物正背对着她，她描述说：怪物在"吃果子，个子不矮，能把树扳下来。"

  1997年9月，房县安阳中学退休教师赵坦在房县、保康交界处，看见一野人"长头发，黑色，披在肩上，脸上没有头发，看不到耳朵。"1999年9月23日，农民王连路所种的玉米一夜之间被吃掉了30多棵，疑为野人所为。2003年6月29日15时40分，神农架天燕原始生态旅游区天门垭景区所在的209国道，有4人在小汽车内看见一身高约0.16米左右、无尾巴的人形动物佝偻着腰，在直立行走，动物浑身呈白灰色，前后持续约时间约5秒钟至7秒钟，听到车响后，迅速向路边密林中逃去。于是，乘客下车追寻，在进入森林不到15米的地方发现了6个清晰的野人脚印，脚印长约0.3米，宽约0.1米，他们在脚印处做了记号。

此后，在公路上野人待过的地方，发现一大块未干并散发着臊味的尿迹。事后，有人把该动物留下的毛发送国家林业总局野生动植物鉴定中心进行遗传物质"线粒体"鉴定分析，据主持鉴定研究的张伟院士称：检验结果非常接近人的线粒体。2008年11月18日，又有4名游客声称在神农架林区近距离看到了野人。一个由中国科学探险协会主持的调查工作随即展开，经过一周的调

查和访问，调查小组认为：此事件应定性为一起直立人形动物群体目击事件。但因国内此时已出华南虎"周老虎"事件，因此媒体对于目击野人的事件对未宣扬。目击者所声称的野人形象身披红色或黑色的长毛，身高2米上下或1.45米左右，直立行走。脚很大，有0.4米那么长，行动敏捷。但声称见过野人的人均未能提供出任何实证照片，更别说是出具野人尸骨。

延 伸 阅 读

关于野人事件，科考人员于20世纪70年代曾进行了持续20多年的考察活动，除获得了一些毛发和粪便外，实质上一无所获。因此，关于野人的有无问题，引起了国内学术界的激烈争论。

西天山的吉克阿达姆

发现野人

1989年7月22日当地时间夜里1时左右，新疆天山保护区科学工作者与青少年在返回营地的途中，突然发现前面30米处闪现出一个身材高大，两脚直立行走的人形动物。

在月光下，这个浑身毛发灰白的不速之客同人们对视了一会儿，便消失在夜幕密林之中。

这次事件证明了传说中的"吉克阿达姆"野人确有其事。由于没有捉到这种高级野生动物，它一直被蒙着一层神秘的面纱。

相关考察

后来一支由研究稀有生物的专家、病理解剖学家、化学家及探险家共同组成的"野考"队来到这里。

第一天他们把灵长类动物经常分泌出来的一种信息素涂抹在做记号的布条上，然后挂在可能属于野人活动地域的树枝上。按照动物标示自己领地的法则，在这些特别明显的地方安置了特殊的信息素标记，圈出一片范围，在其周围留出一定空地，好让野人再现时在上面留下脚印。

第二天夜里，一名队员被帐篷外沉重的脚步声惊醒，并闻到一股类似一个人多年没有洗澡所散发出来的汗臭味。片刻，脚步开始走开，很快就安静下来了。

清晨，队员们发现帐篷附近留下几个巨大的与人相似的脚印，于是查遍了附近树丛岩洞，但野人去向不明，他们只好悻悻而返。过了两天，保护区的5位饲养员骑马来到考察营地向队员报告，在山上发现了一些粗大的赤足脚印，队员们随即前往察看，在做记号的地方果然留有一些杂乱的大脚印，脚印长0.33米，步距0.011米，印迹十分清晰。

按其深度，这只庞然大物的重量可能不少于250千克。队员们把脚印做成了石膏模型，经过分析比较，它们与常人脚印不同，脚掌很宽，穹窿处很窄，脚弓下降，野人脚趾头长短齐平，不像常人呈倾斜状。

后来野人又一次光临了营地，队员们听到了它的吼叫声和树枝折断"咔嚓"声，并看到树上的信息布条已被撕成碎片抛在四周，地上留下了同样的脚印。

延 伸 阅 读

天山是中亚东部地区的一条山脉，横贯中国新疆的中部，西端伸入哈萨克斯坦。古名白山，因冬夏有雪，又名雪山。天山平均海拔约5000米。最高峰海拔达7435.3米。这些山峰终年为冰雪覆盖。

野人沟和毛野人

野人沟来历

多年前的一个清晨，天刚蒙蒙亮，有位农民到新疆巴里坤县城以西的一个山沟里用牛拉柴，走着走着，他突然远远看见前边有个身披"黑衣"的人在爬山，由于天色尚暗，看不清他的真实面目。

可农民心里十分纳闷，此人如果是上山砍柴，为何不带牛也

不套车，甚至手里连个斧头也不拿。路越走天越亮，农民再看那"黑衣人"，心中顿生恐惧，他看见那人根本没穿衣服，而是浑身长满了黑毛。

农民害怕得大叫一声，那野人受到惊吓，撒腿往山下跑，速度极快，连山崖和深涧也不怕，直往前扑。从此这条山沟就被称作野人沟。

巴里坤有关毛野人的故事流传很广，几乎乡乡村村都有老人会讲，奇巧的是每处所讲故事的数量和情节都比较一致，似乎出自同一源起，难道它们都是真实的吗？

有关故事

故事《皮袖筒子》讲述了一座大山中不仅有狼和熊，还有一种浑身长毛的毛野人，村里的人要上山打柴、割草、采菇，都得手持棍棒成群而行，才敢进山。

　　可是村里却有一个人仗着自己力气大，偏偏独自前往深山。他夸下海口要抓一个女毛野人来给谁当媳妇，并与人打了一头牛的赌注，乡亲们怕他一去难返，便联络了几个胆大的照看。

　　后来大力士果真与毛野人狭路相逢，稍一照面，毛野人就将大力士来了个背麻袋甩大包，将其压在下面动弹不得。三四个毛野人扑上来一阵乱挠，幸亏乡亲们及时赶到，才救了他一条命。

　　从此大力士留下了一种怪病"呱笑症"，有事没事便打滚发笑，受害匪浅。

　　有一天，村子里来了一个外地人，瘦得像麻秆儿，他听说这里有个大力士被毛野人整傻了，冷笑说："白长了5尺汉子，一巴掌的膘！"

大家听得惹耳，纷纷与瘦子叫板："你敢去见一见毛野人吗？"

那人却说："我要不敢见个毛野人，白担了'郑大胆'的名！"

于是，好事之人立即煽风点火，怂恿郑大胆进山，而他也丝毫不含糊，说去就去，他不带分寸棍棒，只是在光胳膊上套了4个冬天取暖的羊皮袖筒子。

人们直觉奇怪，远远跟着想看个究竟。

郑大胆进了山，很快有一个毛野人迎面而来，一下扭住郑大胆的胳膊，谁知熟悉"背麻袋"的毛野人却一个踉跄跌了个脚朝天，后被郑大胆挠得痒笑连天，无法起身。

另一个毛野人也被同样放倒，其他野人见状纷纷逃回树林。

后来人们问郑大胆是怎样制服野人的，他一伸胳膊，只见原来的4只皮袖筒子少了两只。

郑大胆说："毛野人扭人，有直劲无横劲，褪了袖筒以为扭断了胳膊，顺势就会笑跌过去的，趁机挠打它，就无法反抗了。"

说法不一

50多年来一个很长的历史时期中，巴里坤的毛野人故事家喻户晓，妇孺皆知，然而这其中的毛野人究竟为何物呢？

故事大多说他们脸庞黑瘦，浑身长毛，没有膝盖等，由此可以断定它们是不属于人类的异物。在巴里坤民间，人们对毛野人总持肯定的态度。

一种说法认为，它们是人类的一种，只是比开化的人落后一步，后来必然为先进的人所消灭；

　　另一种说法则认为，毛野人是被迫潜入山野的正常人发生变态而来的：说是当年秦始皇修长城，乱抓乱杀，许多人逃到山里，年深日久，吃不到熟食和盐醋，渐渐身上长出毛来，为躲避野兽的进犯，它们四处隐藏。

延 伸 阅 读

　　巴里坤哈萨克自治县属温带亚干旱气候区，年平均气温1.0度，该县以牧业为主，素有"古牧国"之称。特殊的地理和自然条件，非常适合野人生存和生活。因此，说此地有野人活动，并非没有可能。

野人现身大有镇

砍柴遇野人

重庆南川区大有镇石梁村村民雷厚禄经常在当地一处叫南桥坪的荒山砍柴。那里人迹罕至。

2008年的一天，他正在砍柴，突然传来"轰"的一声闷响，他抬头一望，瞬间被吓得屏住呼吸，只见一个黑色物体在逃蹿，一人多高的小树和灌木纷纷倒下，那物体满身黑毛，屁股如脸盆

大小，迅速消失在丛林里。"它完全不顾树丫阻挡或刺伤。"雷厚禄称，这个动物很像传说中的野人。

以前就有人发现野人偶尔在山林出没；最近一周，出现得特别频繁，见过它们的村民超过30人。雷厚禄立即通过电视比对和平常积累的知识，认为野人应该是野生大猩猩。

南川真有野生大猩猩？面对这种近乎天方夜谭的说法，记者在雷厚禄等村民的带领下，走进了当地山林。

曾目击野人、跟雷持相同说法的村民真不少，直接理由是：野人除个头跟成人差不多外，五官也很接近人，偶尔像人一样直立起来东张西望，甚至像人一样奔跑。

树上荡秋千

当年40岁的村民明兰英，是当地唯一近距离跟野人相遇的村民。她说，她在山林边的红苕地劳作，抬头瞬间被吓得呆若木鸡。距她不足10米的灌木丛里，赫然蹲着一个人形模样、全身黑毛、闭眼打瞌睡的野人。突然，野人睁眼与她对视三四秒钟后，迅速直立起身，跃身进入灌木丛后的树林。

"那些大树后面是悬崖，它从一棵树上像打秋千一样，抓起树枝荡出10多米，落在另一棵树上……荡了两三次后再也看不见了。"明兰英说，野人眼睛直勾勾地，当时把她吓坏了。

周边大山上野生动物多

野人频繁出现的山林外有一座大山，翻过大山便是贵州省道真县的天然景区黄泥洞。道真县属中亚热带湿润高原山区，黄泥洞景区及其周边，分布着猕猴、黑叶猴、灵猫等国家重点保护野生动物。雷厚禄的侄媳就是道真县的人，她说，黄泥洞不仅有猕猴、野山羊和野猪等常见野生动物，甚

至在夜里还能听到老虎叫声。"野人应该是从黄泥洞跑过来的。我看到过，它没有成年人那么大，但体形跟两只狗差不多。"在大有镇的那条公路上方也有座山，上面能望见金佛山，金佛山的野生动物也很多。

延 伸 阅 读

南川区大有镇周边山多林密。2008年，当地至少有30人频繁发现树林中有野人出没。据目击村民介绍，野人比猕猴大出数倍，个头跟成人差不多，有的村民与它照面时，常会受到惊吓，但野人也会受惊而逃。

野人真的存在吗

野人即猿生物

1991年3月30日李建撰写的《神农架野人并非大猴子》的文章在《楚天周末》报刊上发表。

这篇文章是针对中国科学院武汉分院副院长、副研究员冉宗植写的《神农架野人可能是大猿猴》而写的。

李建原是湖北郧阳地委宣传部副部长，他认为神农架野人是从

猿到人过度阶段的直立古猿或"也人也猿"生物，而不是大猴子。任何大猴子都不会直立行走，更不会长时间直立行走。他列举了很多目击者的例子，所反映的野人特征却惊人的一致。

野人是否存在

目前，学术界对于有没有野人存在两种不同的意见。赞成者认为，野人之说并非子虚乌有。

在很久以前，神农架附近生活着一种巨猿，他们有硕大粗壮的头骨，巨大强壮的躯干，已能直立行走，能用双手抓握天然木棍和石块，食谱很杂，但以素为主。

神农架的科学考察结果表明，野人可以直立行走，爬坡时四肢着地，头部的转动非常灵活，身披长毛，头发披肩，脸型与现代人相仿，眼小嘴宽牙白，不长犬齿，脚印长达0.4米。

他们栖息在山洞中，喜欢生吃竹笋、野果、软体动物、蚯蚓和各种昆虫。这些都有很多目击者的证明。

但也有人认为，由于至今没有找到野人的尸骨或活体，这种生物是不存在的。这种说法也有一定的代表性。

野人是否巨猿的后代

野人会不会就是古代巨猿的后代？人们认为，这是完全有可能的。

根据现代科学研究表明，古代巨猿是人类的早期祖先，人类是从一种古猿类发展而来的，人和猿有一定的近亲关系，人和猿的共同远祖是3500万年前生活于埃及法尤姆洼地的原上猿和埃及猿。

古猿包括几个不同的种类。它们有的身体粗壮，脑子比较

大；有的身体比较矮，脑子比较小；有的带有类人猿的特征比较明显；有的明显属于人的类型。它们都离开了森林，活动于开阔的地带。

它们上下颌的犬齿发达，有分化；整个牙齿的结构明显地具有类人猿的性质。

它们是群居的动物，在环境变化的过程中，由于生活方式的改变，为了适应新的习性，其中有一支或几支逐渐朝人类方向发展。

如果事情真的如此，那么，正像英国生物学家达尔文所说的，从类人猿到人类的进化史上的缺环，就能被野人所代替。

不过，也有不少人认为"野人之说"是站不住脚的。理由之一，到目前为止，还没有人能活捉野人，找到的也只是些毛发、头皮和骨头。这些毛发、头皮和骨头是不是野人的遗物呢？谁也不能肯定。而且，在考察中，见到最多的还只是脚印，凭脚印就一定能确定是野人的不是人类的，这话不免过于武断。

理由之二，经过人类那么长时间的探查，为什么到目前为止还没能找到一个野人？这只能说明野人这种动物并不存在。

野人真的存在吗

野人真的存在吗？在众多目击与遭遇野人的事例中，除去那些因明显夸大、渲染而失真，甚至有意或无意的捏造外，多数情况是目击者处于精神紧张和恐慌状态，或距离甚远和能见度较低，误将某些已知的动物看成野人；或是根本就不认识某些动物而将其错当做野人。其中涉及的动物有猴类、熊类、苏门羚等。

将猴类特别是短尾猴当做野人的例子屡见不鲜。1985年，前"野人考察研究会"在湖南新宁高价购到一头"毛公"后如获至宝，大肆宣扬捉到活野人，结果是一场闹剧，毛公原为短尾猴。

将熊当做野人也不乏其例。科学家在神农架考察时，曾对打死野人的事例查访落实，发现打死的是黑熊。

　　1961年1月在云南省勐腊密林中见到野人母子的一位小学教员事后也否认自己见到野人，认为是黑熊。所以在我国部分大型野人中，熊是占相当比例的。

延 伸 阅 读

　　尽管对野人的存在基本上持怀疑态度，但科学家依然相信，在人迹罕至之处不能完全排除野人存在的可能性，至少还有5％的证据有待我们去澄清，有待我们去进一步的探讨。